物理启蒙第一课

5分钟趣味物理实验

这就是磁

（英）杰奎·贝利（Jacqui Bailey）/ 著　朱芷萱/译

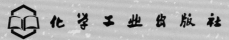化学工业出版社

·北京·

BE A SCIENTIST INVESTIGATING MAGNETS by Jacqui Bailey

ISBN 9781526311269

Copyright © 2019 by Hodder& Stoughton. All rights reserved.

Authorized translation from the English language edition published by Wayland

本书中文简体字版由 HODDER AND STOUGHTON LIMITED 授权化学工业出版社独家出版发行。

北京市版权局著作权合同登记号：01-2021-5119

图书在版编目（CIP）数据

物理启蒙第一课：5分钟趣味物理实验. 这就是磁/（英）杰奎·贝利
（Jacqui Bailey）著；朱芷萱译. — 北京：化学工业出版社，2021.9（2022.1重印）

ISBN 978-7-122-39447-7

Ⅰ.①物… Ⅱ.①杰… ②朱… Ⅲ.①物理学—科学实验—儿童读物
②磁性—科学实验—儿童读物 Ⅳ.①O4-33②O441.2-33

中国版本图书馆CIP数据核字（2021）第134332号

责任编辑：马冰初　　　　　　　　　文字编辑：李锦侠
责任校对：边　涛　　　　　　　　　装帧设计：与众设计

出版发行：化学工业出版社（北京市东城区青年湖南街13号　邮政编码100011）
印　　装：北京宝隆世纪印刷有限公司
889mm×1194mm　1/16　印张10 ¹/₂　字数100千字　2022年1月北京第1版第2次印刷

购书咨询：010-64518888　　售后服务：010-64518899
网　　址：http：//www.cip.com.cn
凡购买本书，如有缺损质量问题，本社销售中心负责调换。

定　价：138.00元（全6册）　　　　　　　　版权所有　违者必究

目 录

走进磁的世界

什么是磁体？

磁体是带有磁力的金属块或石块，可以吸引含铁、钴、镍等元素的物体。

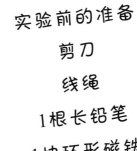

思维拓展

你都见过什么样的磁体？

• 世界上有各种形状和尺寸的磁体。

• 一些玩具中含有磁体。

实验前的准备

剪刀

线绳

1根长铅笔

1块环形磁铁

彩色卡纸

1支马克笔

铁制回形针

磁体能做些什么？

1 剪下比铅笔长的一段线绳，将一端绑在铅笔上，另一端系在环形磁铁上。一根"鱼竿"就做好了。

2 用彩色卡纸剪出一些小鱼形状的卡片，每条小鱼别上一枚铁制回形针。

3 将小鱼放在地上或大碗中。

4 在小鱼上方放低鱼竿上的磁铁。你能钓起小鱼吗？如果你和朋友一起玩，两个人可以轮流来钓鱼。钓起所有的鱼后，计算每个人钓起的鱼的数量，看看谁收获得多。

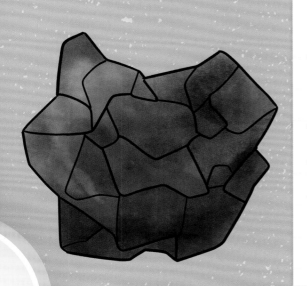

实验解答

磁铁可以把小鱼从地上钓起来，是因为小鱼身上的回形针吸在了磁铁上。磁铁将金属回形针紧紧吸引。大部分磁体由金属铁或钢制成。还有一种带磁性的石头，叫作天然磁石，又名磁铁矿（如左图）。

磁性材料有哪些？

有些物品可以被磁体吸引，有些则不能。

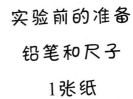

实验前的准备
铅笔和尺子
1张纸
1个强力磁体，如条形磁铁
一些试验物品（如：硬币，橡皮，钥匙，木勺子，铁勺子，塑料杯，图钉，碎纸条）

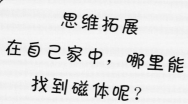

思维拓展
在自己家中，哪里能找到磁体呢？
• 冰箱门上安有小块磁铁，使冰箱门可以闭合。
• 含有磁铁的冰箱贴可以用来装饰冰箱门。

物品	猜想	结果
硬币		
橡皮		
钥匙		

哪些材料是磁性的？

1 用铅笔和尺子将纸分为三栏，第一栏是"物品"，第二栏是"猜想"，第三栏是"结果"。

2 在第一栏中填上你的试验物品名单。

3 第二栏中，在你猜想可能会被磁铁吸引的物品后面打勾√，在无法被磁铁吸引的物品后面打叉×。

物品	猜想	结果
硬币	✓	
橡皮	✗	
钥匙		

4 逐个用磁铁测试物品，在第三栏中打勾或打叉。你猜对了几项？

特别注意

不要在电视或电脑旁使用磁铁，磁铁可能会损坏这些电子设备。

"

实验解答

物品被磁铁吸引，是因为它们含有能产生磁性的成分。含有铁、钴、镍及其合金等物质的材料叫作磁性材料。不含它们的材料，如锡、铜、纸和木头等，叫作非磁性材料，它们不会被磁铁吸引。

"

磁引力是什么？

力常常分为吸引力（拉力）和排斥力（推力）。磁铁的引力叫作磁引力。

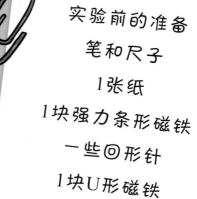

思维拓展

有哪些不同种类的力？

- 借助肌肉的力，我们可以举起一个水杯。
- 磁铁通过磁引力吸引回形针。你能想明白磁引力是如何作用的吗？

实验前的准备
笔和尺子
1张纸
1块强力条形磁铁
一些回形针
1块U形磁铁

磁引力如何作用？

1 用尺子贴着纸张的长边画一条直线。从纸的顶端开始沿着这条直线每隔1厘米标记一次，标记出10厘米，如图所示。

2 分别在1厘米和10厘米处画两条平行于纸张短边、穿过整张纸的直线。这两条线将作为你的起始线和终点线。

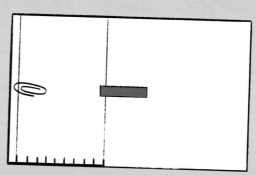

3 将条形磁铁放在起始线上，回形针放在终点线上。

4 缓缓地将条形磁铁贴在纸上移向回形针。磁铁离回形针多近时出现了新现象？

5 再进行一次试验，用U形磁铁替换条形磁铁。这回发生了什么？

> 实验解答
>
> 回形针向磁铁移动了，这是因为它受到了磁铁磁引力的吸引或牵引。不同磁铁的磁引力强弱不同。磁铁开始吸引回形针的那一刻它与回形针间距离的长短取决于磁铁磁引力的强弱。

什么是磁极？

磁铁两端的磁力比中段更强。

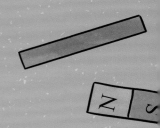

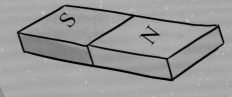

思维拓展

条形磁铁是怎样的？

• 磁铁的两端叫作它的两个磁极。

• 有时两个磁极会用不同颜色标出，还可能印上标识字母"N"和"S"，代表北极和南极。

磁铁的南北两个磁极有何区别？

实验前的准备
胶带
两辆玩具车
两块条形磁铁
（至少与玩具车
一样长）

磁铁的不同磁极相接触会发生什么？

1 将两块磁铁的中段分别用胶带粘在两辆玩具车的车顶上。确保两块磁铁朝向车头方向的磁极相同。

2 当你把一辆小车的车头推向另一辆小车的车尾时会发生什么？

3 当你让两辆小车的车头相对，然后彼此靠近时会发生什么？

4 车尾相对后彼此靠近又会发生什么？

实验解答

当一辆车的车头跟在另一辆车的车尾后面时，磁铁会将两辆车吸在一起。这是因为两块磁铁的不同磁极相对（前北极后南极，或前南极后北极），异名磁极会互相吸引。

当两辆车的车头相对或者车尾相对时，磁铁将它们推向反方向。这是因为两块磁铁相同磁极相对（北极对北极或南极对南极），同名磁极相互排斥，它们将对方推离。

磁力是一种无形的力！

磁力是一种无形的力，看不见摸不着。磁铁可以在不接触物体的情况下对其产生吸引。

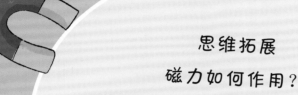

思维拓展

磁力如何作用？

• 前面提到了回形针会在没和磁铁接触的情况下就向磁铁的方向移动。

• 磁力可以隔空吸引物品。磁力作用的距离有多长呢？

实验前的准备

保鲜膜

1块条形磁铁

1块环形磁铁

1罐铁屑（或者将钢丝球切成小碎屑）

1张纸

磁力在磁铁周围是如何分布的？

1 将两块磁铁都包上保鲜膜。将纸张盖在条形磁铁上，将磁铁置于纸正中央的位置。

2 把铁屑（或钢丝球屑）撒在纸上磁铁所在位置周围。观察发生了什么？

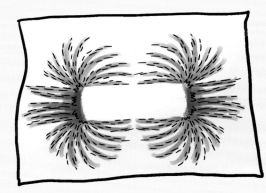

3 把纸拿起来，小心地把铁屑倒回罐子里。

4 用环形磁铁替换条形磁铁。再次把铁屑撒在纸上。这回又发生了什么？

实验解答

铁屑在纸上呈现出线条图案，展现出了磁力是如何把铁屑吸引向磁铁的。不同形状的磁铁会形成不同的铁屑纹路。通常磁铁两极的位置铁屑最多，其他铁屑纹路以磁铁为中心向外放射扩散，或者呈弧形从一个磁极延伸向另一个磁极。这些纹路表现出了磁力能到达的范围。这块磁铁磁力作用的区域就叫作磁场。

磁力的强度有多大？

磁场可以穿透非磁性材料。

思维拓展
冰箱贴能做什么？
- 冰箱贴可以把一张纸压在磁性材料的表面上，比如铁门上。
- 但纸张是非磁性材料，并不会自己吸在磁铁上。

磁场到底能有多强？

实验前的准备
剪刀
纸张
1块条形磁铁
胶带
1枚回形针

磁场有多强？

1 将纸张剪成多个小方形。每个小方形要足够大，可以把磁铁块包起来。

2 确认磁铁块可以把回形针吸起来。

3 将一张小方形纸包在磁铁外，用磁铁吸起回形针。

4 多次重复第三步，每次在磁铁外多裹一层纸。

5 包裹纸张的厚度对磁铁产生了怎样的影响？

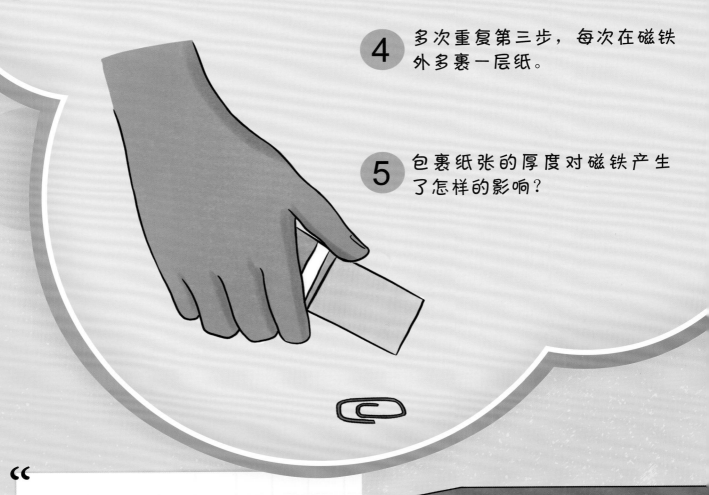

" 实验解答

磁铁可以透过至少一层纸的包裹将回形针吸起来。这是因为磁力向外扩散，正如前文中展示的那样。但离磁铁越远，磁力越弱，所以如果磁铁外包裹了多层纸，回形针就会被排斥在强磁力区域外，不能被磁铁吸起来。 "

磁力可以穿透水吗？

磁力可以穿透各种材料，包括水。

思维拓展

水是什么？

- 世间万物都由某种物质构成。
- 水是一种液体。它聚集成了河流、湖泊和海洋。

可以用磁铁将物体从水里吸出来吗？

实验前的准备

1个玻璃罐

水

1枚回形针

1块磁铁

线绳

磁力可以穿透水吗？

1 用水将玻璃罐差不多灌满。

2 把回形针投进罐中，让它沉底。

实验解答

你可以用磁铁贴着玻璃罐壁将回形针吸上来，因为磁场可以穿透玻璃和水，吸引回形针。如果把磁铁放入水中，它依然可以吸引回形针，因为水是非磁性的，不会阻隔磁场。

4 重复第二步，然后把绳子绑在磁铁上，把磁铁投入水中。磁铁能否吸起回形针呢？

3 如果将磁铁放在罐壁外靠近回形针的位置，会发生什么？你能用磁铁移动回形针吗？你能把回形针移到瓶口位置吗？

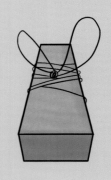

磁体可以移动物体吗？

磁体的引力有多种用途。

思维拓展

如何运用磁铁移动物体？

· 吊车机械臂上吊着巨大的磁铁，可以用来抬起和移动废料场中很重的大块金属。

你可以如何运用磁铁呢？

实验前的准备

1支马克笔

1大块硬纸板

两张薄卡纸（边长约5厘米的正方形）

4个食品罐

两枚回形针

两块圆形磁铁

两把尺子

胶带

剪刀

手表

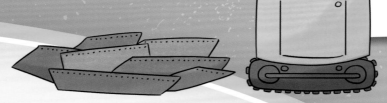

设计一个磁力游戏

1 用马克笔在大块硬纸板上画出一条弯曲的道路。

2 将薄卡纸对折。在折痕上方画出小汽车形状并裁剪出来。把折痕下方的部分沿中线剪成两片，分别向内和向外弯折，使小汽车可以立起来。重复以上步骤，做出两辆小汽车。

3 用4个食品罐支撑大块硬纸板的4个角，使其悬空。在小汽车底部弯折部分别上一枚回形针，把小汽车放在道路起始处。

4 在两把尺子顶端粘上磁铁块，把磁铁放在纸板下方来吸引并移动小汽车。每位玩家将自己的小车"开"到道路尽头需要多久？

实验解答

磁铁可以让小汽车在道路上移动是因为磁力穿透了硬纸板，吸引着小汽车上的回形针。

磁体可以将材料分类吗?

磁体可以用来区分各类材料。

思维拓展

怎样用磁铁将材料分类?

- 磁铁可以用在废品站,将钢铁制品与其他材料区分开来。
- 钢铁通常可以循环再利用。用磁铁把铁制罐子和铝罐区分开,方便铁罐回收再利用。

试试制作自己的"分类仪"吧。

实验前的准备

线绳

强力磁铁

干净的空食品罐/饮料罐

这是什么金属？

1 将与自己的腿等长的线绳绑在磁铁上。

2 将罐子在地上排成一排。

3 用手提着绳子，让磁铁悬在罐子上方。发生了什么？哪些罐子被磁铁吸起来了，哪些没有？

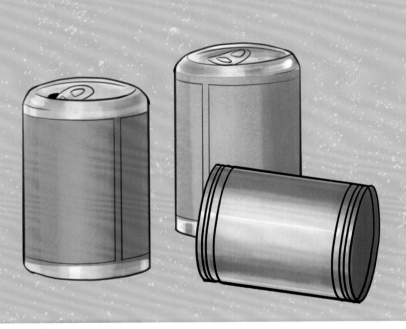

实验解答

有些罐子可以被磁铁吸起来，另一些则不行。这是因为一些罐子是铁制的，是磁性材料，其他则是铝制的，是非磁性材料。铁制罐子一般用来储存哪类食品和饮料？铝制罐子呢？

磁悬浮的工作原理！

磁体的斥力也很有用。

思维拓展

磁铁如何互斥？

• 前文中提到的小车在车尾相对时会互相排斥。你能利用这种斥力来让磁铁悬空吗？

实验前的准备

3块环形磁铁

彩纸

剪刀

胶棒或胶带

与环形磁铁小孔差不多一样粗的木棍

黏土

如何让磁铁悬浮？

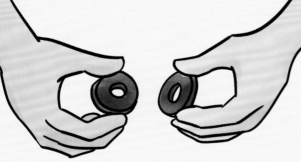

1 弄清两块磁铁哪一面相吸。异名磁极互相吸引，所以相吸的两面中一面是北极，一面是南极。

2 裁下一小块彩纸，用胶棒或胶带粘在每块磁铁的同名磁极上（如都粘在北极或南极上）。

实验解答

磁铁互不接触地悬浮起来，这是因为它们同极相对，北极对北极，南极对南极，同极相斥。如果没有木棍固定，磁铁会滑向一旁掉在桌子上，木棍能将它们垂直定位，保持磁极相对。

3 将木棍插入一块黏土中，让它立起来。

4 把一号磁铁穿在木棍上，粘贴彩纸的一面向上；二号磁铁也穿上去，粘贴彩纸的一面向下；三号磁铁穿上去时粘贴彩纸的一面向上。磁铁会发生什么现象？

磁体指路的工作原理！

指南针帮助人们定向寻路。磁体用于制作指南针已有数百年的历史。

思维拓展

指南针是如何运作的？

• 指南针上有一根针，整个罗盘移动时指针会来回摆动。

• 这根指针就是一块磁铁，它的两端永远指向南方和北方。如何能把一块磁铁做成指南针？

实验前的准备

1张纸

胶带

1段线绳

1块条形磁铁

笔和尺子

1个小指南针（保证指南针远离磁铁）

指南针如何运作？

1 把纸张粘在桌面或者地面上。

2 将绳子一端系在条形磁铁中部，让磁铁可以在垂悬时达到平衡。

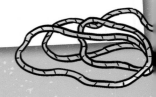

3 提着绳子把磁铁悬在纸的上方，保持手不动。磁铁不再转动时会静止指向特定的方向。

4 小心地把磁铁降到纸面上。不要移动磁铁，在纸上标出此时两极的位置。

5 拿走磁铁，用尺子画一条直线，贯穿刚才两极位置的标记。这条直线与指南针指针的方向一致吗？

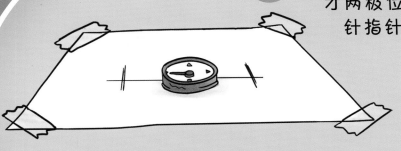

实验解答

磁铁两极所指方向与指南针相同。这是因为条形磁铁和指南针的指针都受到地球磁力的作用。地球本身就是一块巨大的磁铁，其磁极位置与地理上的南极和北极相近。

科学名词

指南针

指南针是人们用来分辨南北方向的仪器，不管你身处地球哪个角落都能使用。有些指南针只在北半球有效，有些只在南半球有效。

力

力是科学术语，指的是拉或推这样的作用。力可以使物体向特定方向移动，也可以改变正在运动中物体的前进方向，或使之减速、加速。磁力是力的一种。

天然磁石

这是一种天然具有磁性的岩石。两千多年前，中国人用天然磁石做成了指南针。天然磁石又名磁铁矿。

钢铁

钢铁是一种含铁元素的合金。土地里的铁矿石中富含铁。

磁场

磁场是指磁铁周围存在磁力的区域，当磁性材料进入磁场时，它的磁力将会发挥作用，磁性材料将被拉向磁场内的磁铁。

磁性材料

磁性材料是指可以被磁体吸引的材料。含有铁、钴、镍等成分的材料一般都是磁性材料。

磁力

磁力是指磁体拥有的引力和斥力。

磁极

磁极是指磁铁的两端。磁力在磁极处是最强的。对于圆形磁铁来说，磁极就是它的两个平面。

排斥

排斥指的是一块磁铁将另一块磁铁推离自己的行为。

磁悬浮

一种叫作磁悬浮列车的特殊火车可以悬空飞速行驶，而非直接通过车轮接触铁轨。铁轨上铺设的强力磁铁与火车下方的磁铁互斥，使得车厢悬浮在空中。

地球磁场

地球被自己的磁场包围着。这是因为地球的中心是由铁构成的，它的作用就像一个巨大的磁铁。

电磁铁

一块金属在通电后可以具有磁铁的功效。这种磁铁叫作电磁铁。电磁铁只有在通电时有效。一旦电流被切断，电磁铁就失去磁性了。